適用於本書的各款創意紙樣

請把牛油紙覆蓋在這些紙樣上沿線描畫，或直接影印。然後把牛油紙或副本貼在厚畫紙上再剪下來。

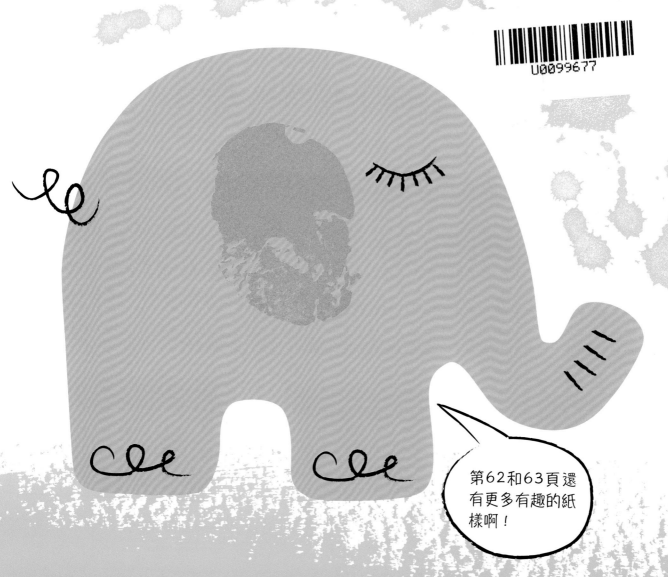

第62和63頁還有更多有趣的紙樣啊！

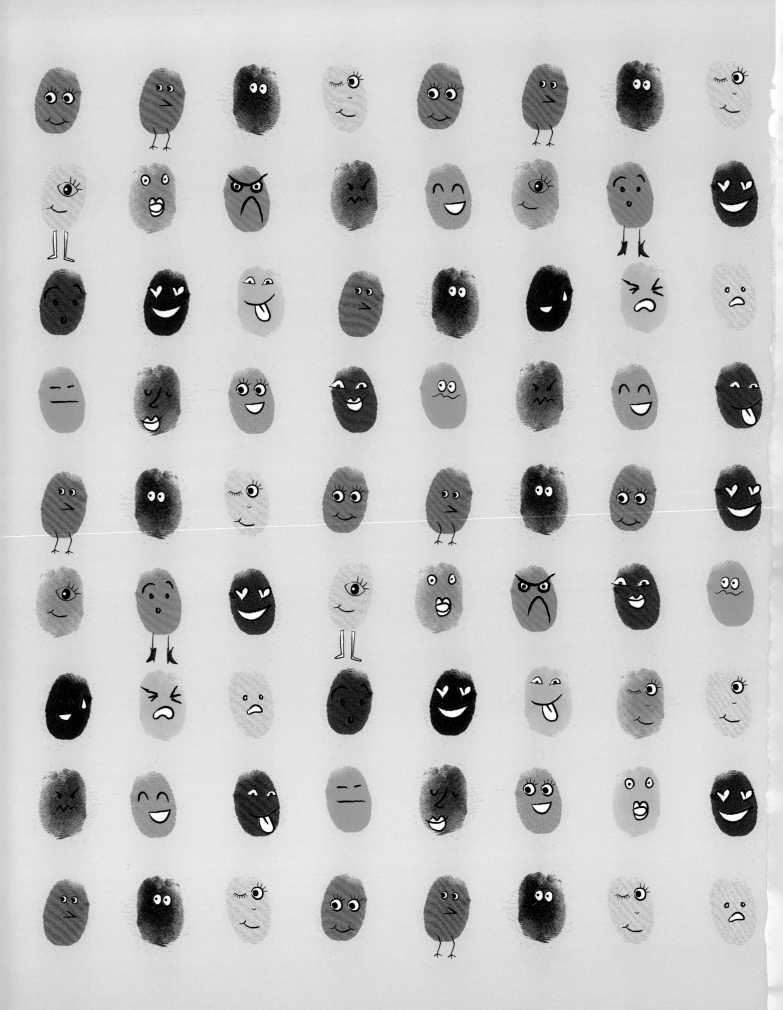

Play with **ART**

創意無限

玩藝術

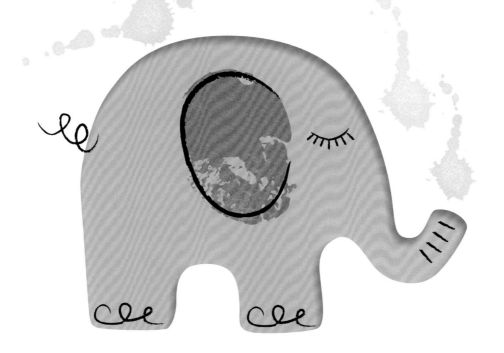

新雅文化事業有限公司

www.sunya.com.hk

給家長的話：

這本書充滿了有趣的藝術創作點子，讓孩子一邊運用不同的物料，一邊發揮創意。我們在每個藝術創作的章節中，都會列出方便易讀的「所需工具」清單，並有6個以上的混合藝術創作項目讓孩子試做。家長每次只需預備全組工具，孩子便可以隨時投入藝術世界——清潔善後就留給家長吧！

安全第一

孩子在創作期間，家長應從旁指導。他們可能需要家長協助完成一些較難處理的步驟，例如剪卡紙等。另外，必須提供無毒的顏料和物料予孩子。

亂糟糟警報！

有些藝術創作會令周圍變得亂七八糟（但這正是樂趣所在）！家長可先在孩子的創作空間做好防護，或者鼓勵他們到戶外進行創作，也建議孩子先穿上不怕弄髒的舊衣服或圍裙才動手創作。

亂糟糟警報！

DK | Penguin Random House

新雅・遊藝館
創意無限 玩藝術

作　　者：維奧莉特・皮托（Violet Peto）
繪　　圖：瑞秋・帕菲特・亨特（Rachael Parfitt Hunt）
　　　　　瑞秋・海爾（Rachael Hare）
攝　　影：洛爾・約翰遜（Lol Johnson）
翻　　譯：羅睿琪
責任編輯：黃楚雨
美術設計：鄭雅玲
出　　版：新雅文化事業有限公司
　　　　　香港英皇道499號北角工業大廈18樓
　　　　　電話：（852）2138 7998
　　　　　傳真：（852）2597 4003
　　　　　網址：http://www.sunya.com.hk
　　　　　電郵：marketing@sunya.com.hk
發　　行：香港聯合書刊物流有限公司
　　　　　香港荃灣德士古道220-248號荃灣工業中心16樓
　　　　　電話：（852）2150 2100
　　　　　傳真：（852）2407 3062
　　　　　電郵：info@suplogistics.com.hk
版　　次：二〇二一年四月初版

ISBN: 978-962-08-7693-6
Original Title: *Play with ART*
Copyright © 2018 Dorling Kindersley Limited
A Penguin Random House Company

Traditional Chinese Edition © 2021 Sun Ya Publications (HK) Ltd.
18/F, North Point Industrial Building, 499 King's Road, Hong Kong
Published in Hong Kong, China
Printed in China

For the curious
www.dk.com

創作團隊：

維奧莉特・皮托　　　瑞秋・帕菲特・亨特

瑞秋・海爾　　　洛爾・約翰遜

目　錄

8　塗顏料與蓋印畫

10　混合不同的顏色！

12　蓋印畫廊

14　蔬果蓋印畫

16　積木好朋友

18　指紋畫集

20　雙手方便又好用！

22　開心大腳板！

24　噗的一聲！流行藝術

26　縐紋膠紙大變身

28　紙藝手工

29　摺紙

30　剪紙

31　紙雕

32　紙製毛毛蟲

34　為「扇」最樂！

36　紙影偶

38　彩繪玻璃大象

40　濕淋淋的紙藝

42　繪畫與填色

44　動物塗鴉

46　粉筆藝術

48　刮畫變變變！

50　動手來創作

51　色彩配對遊戲

52　紙筒高塔

54　彩虹轉轉轉

56　夢幻獨角獸

58　紙影戲劇場

60　卡紙拼畫

塗顏料 與 蓋印畫

一起來用**顏料**做**實驗**，炮製出不同的**效果**吧！
這些是你需要的工具：

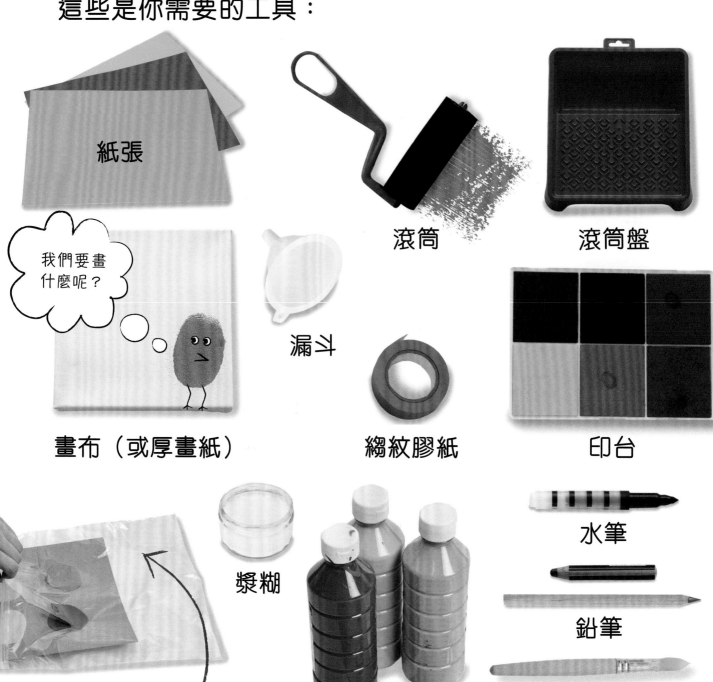

紙張

滾筒

滾筒盤

> 我們要畫什麼呢？

漏斗

繚紋膠紙

印台

畫布（或厚畫紙）

透明密實袋

漿糊

無毒顏料

水筆

鉛筆

畫筆

硬卡紙筒

氣球

氣泵

你的**雙腳**！

氣泡紙

木製積木

繩子

海綿

巧手小貼士
你的手和腳是
無與倫比的
蓋印工具！

花朵

水果與蔬菜

木夾子

紙碟

絨球

你的**雙手**！

你的**手指**！

可清洗的塑膠玩具

我們選哪
一種顏色
好呢？

9

混合不同 的顏色！

你懂得怎樣創造出**新的顏色**嗎？

三原色

紅色　　　　　黃色　　　　　藍色

你可以將**三原色**混合，來**創造**出新的顏色。

試試這些**組合**：

 ＋  ＝  橙色

紅色　　　　　黃色

 ＋  ＝  綠色

黃色　　　　　藍色

 ＋  ＝  紫色

藍色　　　　　紅色

現在來試試製作一個**色環**。

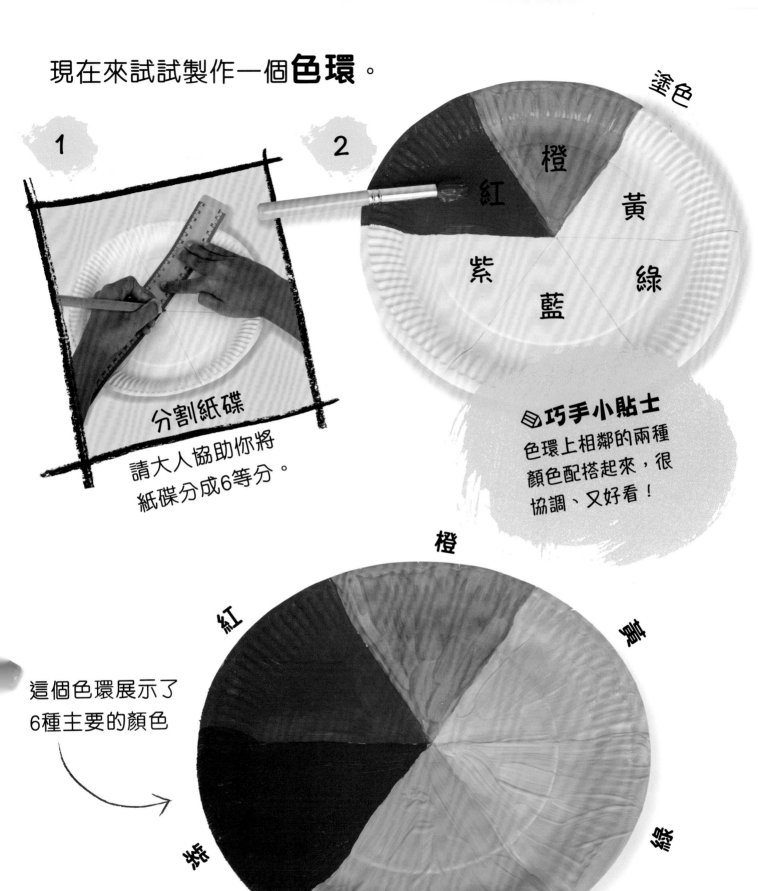

1

分割紙碟

請大人協助你將
紙碟分成6等分。

2

塗色

紅　橙　黃
紫　　綠
藍

巧手小貼士
色環上相鄰的兩種
顏色配搭起來，很
協調、又好看！

這個色環展示了
6種主要的顏色

紅　橙　黃
紫　　綠
藍

快翻到第51頁，
看看如何將你的色環
變成一個有趣的遊戲吧。

蓋印畫廊

運用不同的蓋印畫**工具**，你便可以創作
出許多**圖案**。以下是一些提議：

雙腳裹上氣泡紙

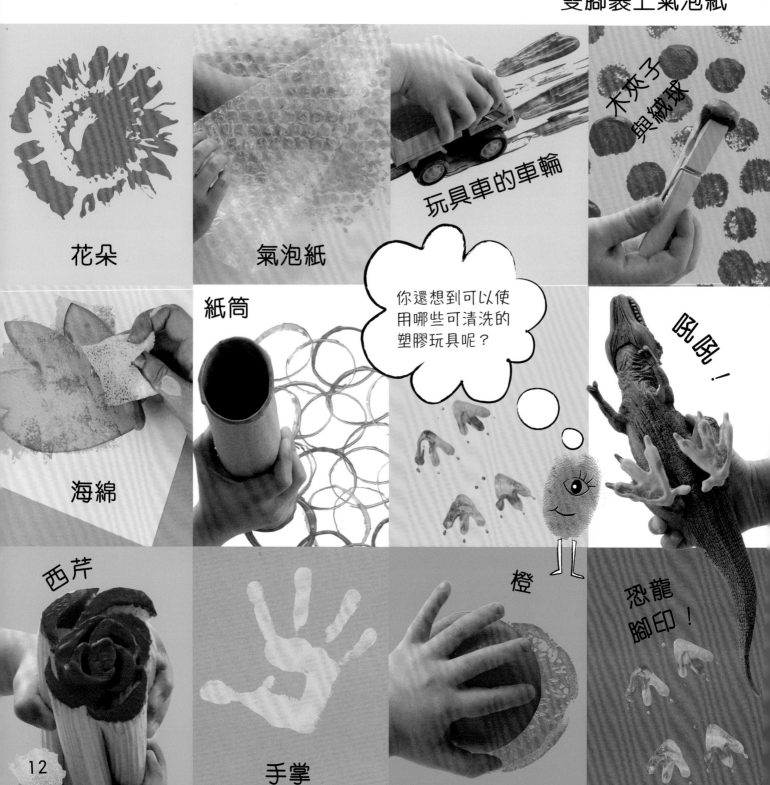

花朵

氣泡紙

玩具車的車輪

木夾子
與絨球

海綿

紙筒

你還想到可以使
用哪些可清洗的
塑膠玩具呢？

吼吼！

西芹

橙

恐龍
腳印！

手掌

12

現在來試試自製**印章**。

你需要的**工具**：

木製積木　　發泡膠圖形　　繩子
　　　　　　（或厚卡紙）

你可在本書的第63頁找
到心形和星形的紙樣。

漿糊和畫筆

滾筒和顏料

1

塗上漿糊

將發泡膠圖形
貼在積木上。

2

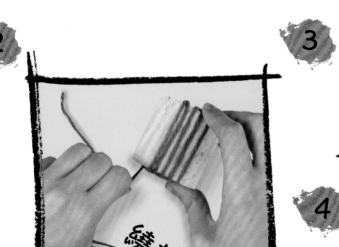

繞起來

如要製作繩子印章，
你可以將繩子繞住積木。

3

塗顏料

利用滾筒將顏料
塗在印章上。

4

往下壓

印出圖案

印出不同的圖案與形狀，美化
包裝紙或卡片。

蔬果 蓋印畫

利用**水果**和**蔬菜**創作精彩的**藝術作品**吧！

你需要的**工具**：

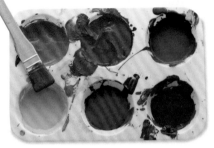

無毒顏料

畫紙

鉛筆

水果和蔬菜

畫筆

巧手小貼士

你可以利用這些蔬果印章製作出別緻的海報，掛在牆上做裝飾。

1

塗上顏料

將各種蔬果對半切開，並在平滑的一面塗上顏料。

2

趣怪的形狀

用力壓

開始蓋印吧！創作出各種又
可愛、又色彩繽紛的圖案！

你可以用鉛筆
幫我畫上眼睛
和嘴巴。

漂亮的圖案

積木好朋友

利用**木製積木**與**馬鈴薯**,塗上顏料,製作五顏六色的小人兒。

你需要的**工具**:

畫紙與木顏色

切成兩半的馬鈴薯

木製積木

畫筆

你可利用積木的其他幾面來印出不同的顏色。

1

用力壓

在積木的一面塗上顏料,再壓在紙上,當作小人兒的身體。

16

不如用積木幫我加上手腳吧！

2

往下壓

利用切成兩半的馬鈴薯，印出頭部的形狀。待顏料乾透後，再畫上有趣的臉孔。

🖐**巧手小貼士**

利用不同大小的馬鈴薯，印出大大小小的頭部。

指紋畫集

你可以用**手指**和**印台**來繪製出許多令人驚喜的圖畫。

你可以用水筆給我們畫上趣怪的表情。

你需要的**工具**：

畫紙

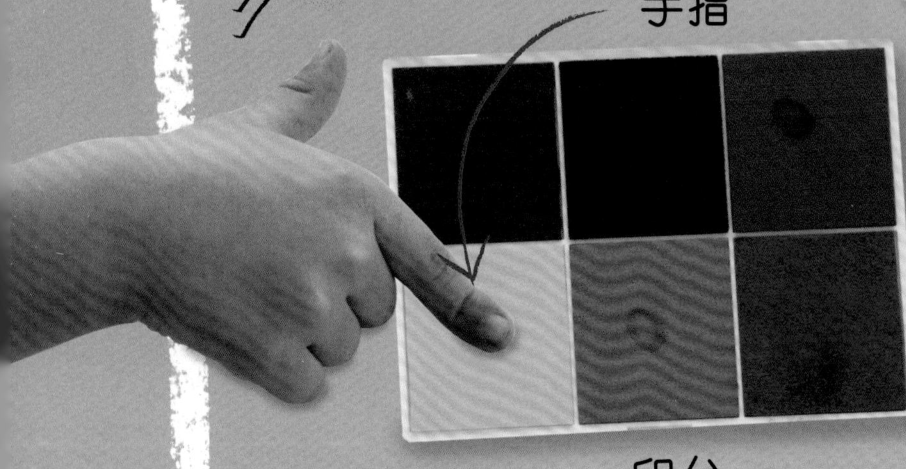

手指

水筆

亂糟糟警報！

印台

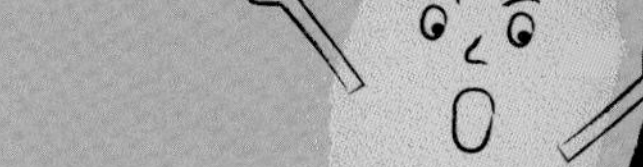

把手指壓在印台上，然後印到畫紙上，再利用水筆來令這些指紋變得更生動。

巧手小貼士
你可以用指紋製作
色彩繽紛的卡片。

快樂、傷心、傻氣、高興……來讓你的指紋變成
各種各樣的有趣臉孔、動物或花朵吧！

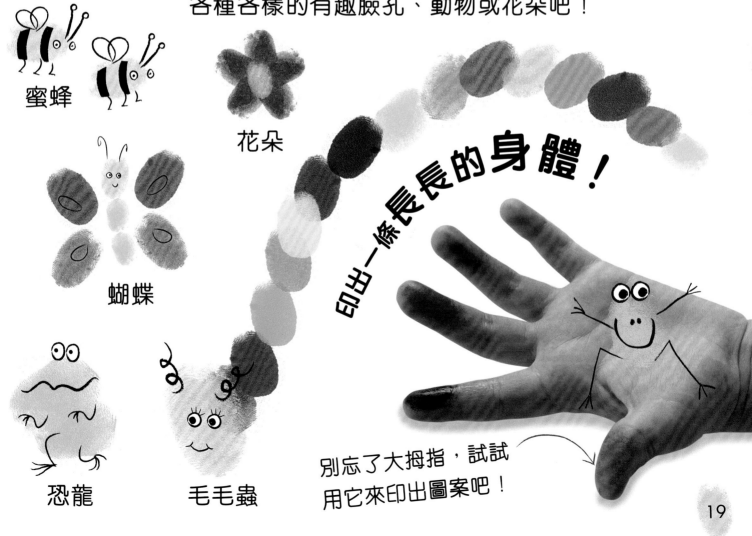

蜜蜂

花朵

蝴蝶

印出一條長長的身體！

恐龍

毛毛蟲

別忘了大拇指，試試
用它來印出圖案吧！

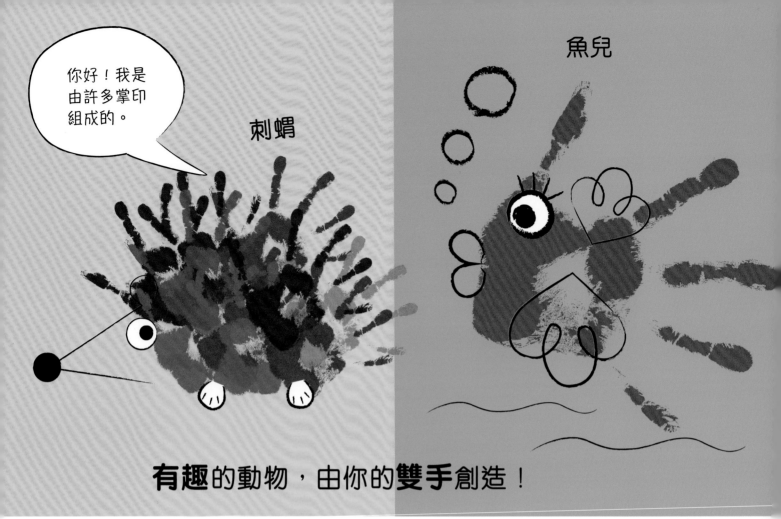

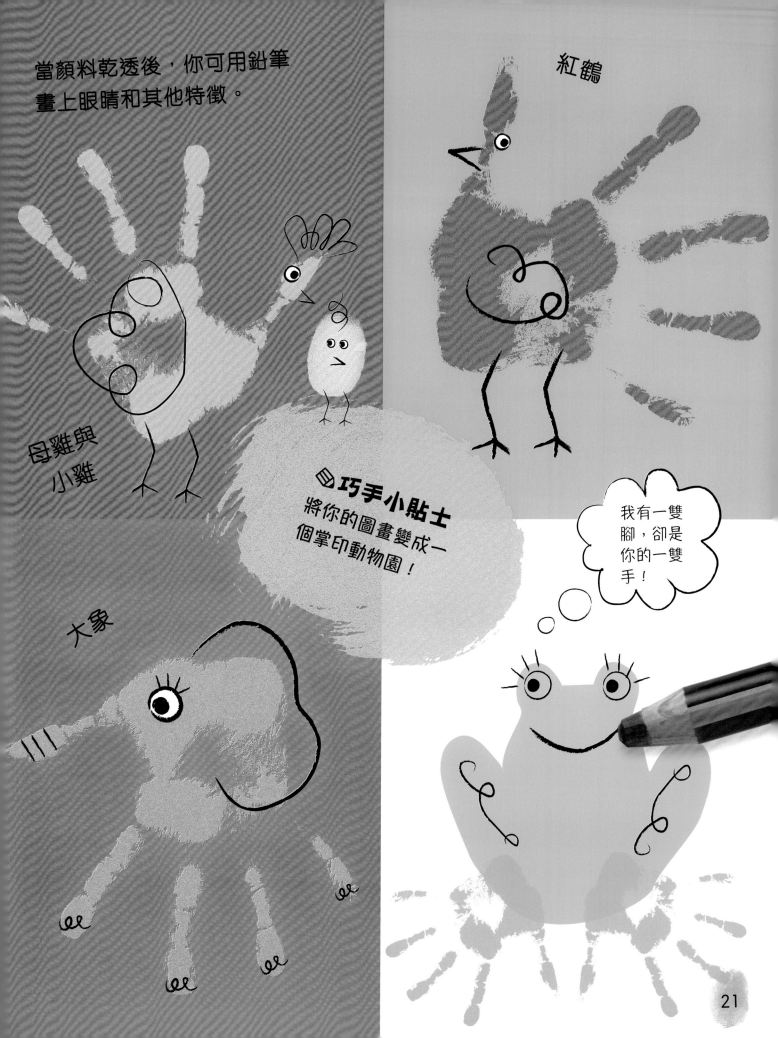

當顏料乾透後，你可用鉛筆畫上眼睛和其他特徵。

紅鶴

母雞與小雞

巧手小貼士
將你的圖畫變成一個掌印動物園！

我有一雙腳，卻是你的一雙手！

大象

21

開心 大腳板！

將顏料放在膠袋裏，你便可以用**清潔的雙腳**創作藝術作品，又不怕弄髒了。

你需要的**工具**：

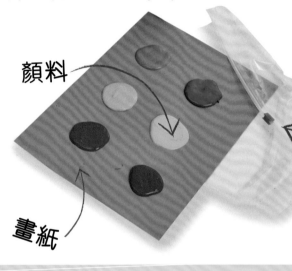

顏料

透明密實袋

畫紙

1

放進去

在畫紙上塗上一團顏料，小心地將它放進膠袋裏。

將你的雙腳浸到**顏料**中，然後用**赤腳塗鴉**，創作腳印藝術吧！你還可以用鉛筆把腳印畫成圖畫。

亂糟糟
警報！

蜜蜂

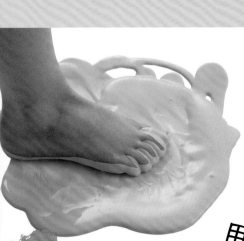

感受一下顏料在你的腳趾之間，**擠壓**得噗吱作響！

用力踏！

人字拖

獨角獸

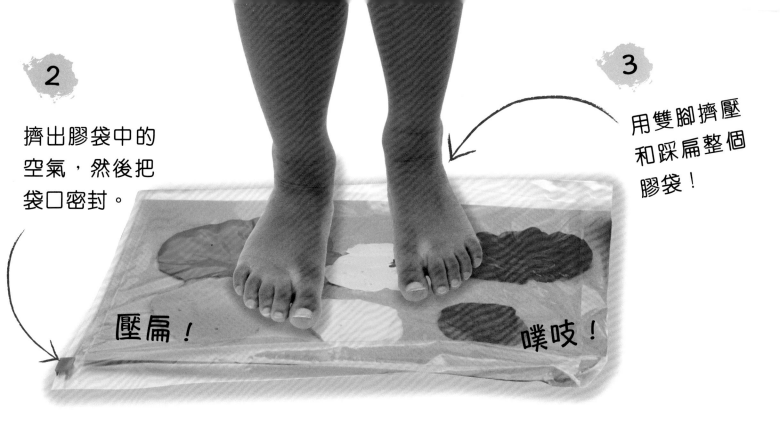

2

擠出膠袋中的空氣，然後把袋口密封。

壓扁！

噗吱！

3

用雙腳擠壓和踩扁整個膠袋！

現在你可以拿出畫紙，欣賞你的藝術傑作了！

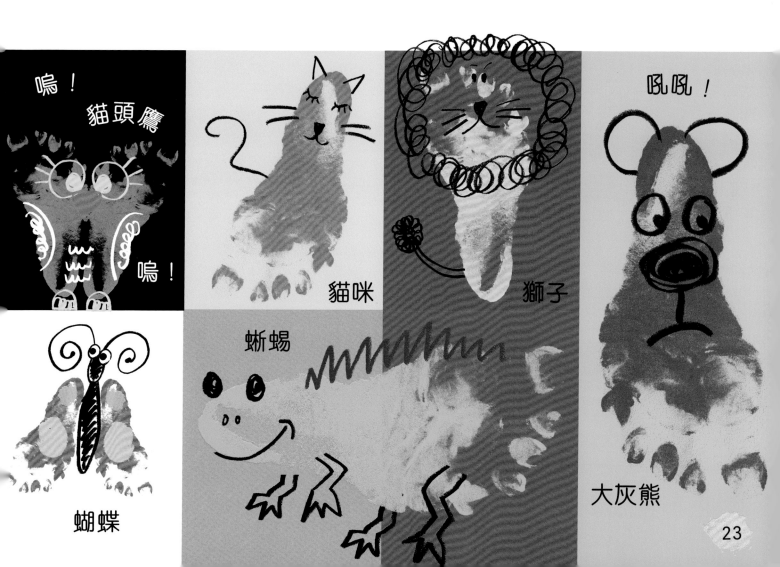

嗚！
貓頭鷹
嗚！

貓咪

吼吼！

蜥蝪

獅子

大灰熊

蝴蝶

23

噗的一聲！
流行藝術

在你的畫布上潑顏料，名副其實地激出藝術水花！

你需要的**工具**：

氣球

氣泵

漏斗

縐紋膠紙

無毒顏料

亂糟糟
警報！

這個活動會弄得周遭亂七八糟，最好在戶外進行！

畫布（或厚畫紙）

1 倒入顏料

將漏斗塞進氣球的吹氣口，並倒入顏料。要填至半滿。

2 給氣球充氣

拿走漏斗，抹去氣球表面的所有顏料後，用氣泵給氣球充氣。你可以請大人幫忙。

3 用其他顏色的顏料填滿更多氣球。

將氣球貼好

綁好氣球，然後用膠紙將它貼在你的畫布或畫紙上。

4

噗！

在大人協助下，用鉛筆將貼好的氣球「噗」的一聲刺破。

🖐**巧手小貼士**
試試在同一個氣球裏倒入兩種顏色的顏料。

嘩啦！

撕去膠紙和洩了氣的氣球。

噗吱！

縐紋膠紙 大變身

先**貼上**縐紋膠紙或圖形，然後在它們的**上面**或周圍塗上顏料，看看會出現什麼效果。

你需要的**工具**：

✎巧手小貼士
試試把第36頁活動中完成了的圖形，用來遮蓋畫布吧。

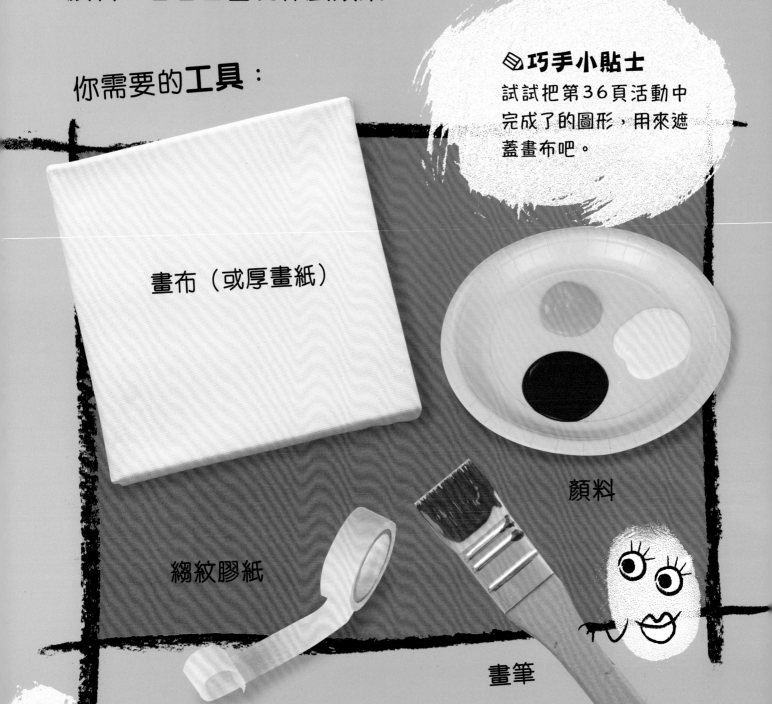

畫布（或厚畫紙）

顏料

縐紋膠紙

畫筆

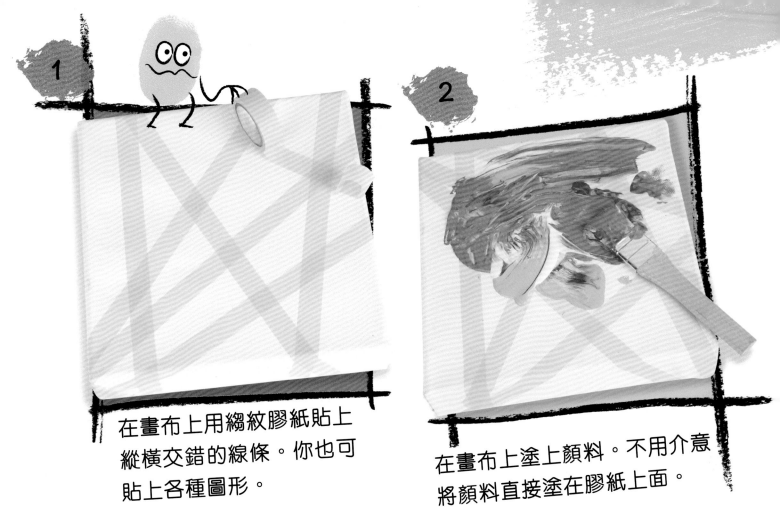

1 在畫布上用縐紋膠紙貼上縱橫交錯的線條。你也可貼上各種圖形。

2 在畫布上塗上顏料。不用介意將顏料直接塗在膠紙上面。

3 當顏料乾透後,將膠紙撕走,然後一幅由線條與圖形組成的圖畫就面世了!

紙藝手工

紙張很特別，你可以剪它、摺它、弄濕它、用光線穿透它……

用紙可以**巧妙地**製作很多物件，一起來發掘吧。以下是你需要的工具：

畫紙和卡紙

棉紙條和縐紙

噴水壺

絨條

直尺

木夾子

鉛筆

縐紋膠紙

活動眼睛

絲帶

你還需要一支手電筒！

漿糊

水筆

漿糊筆

飲管

剪刀

28

摺紙

摺一摺、捲一捲，你便可以將紙張變成**3D立體**形狀！

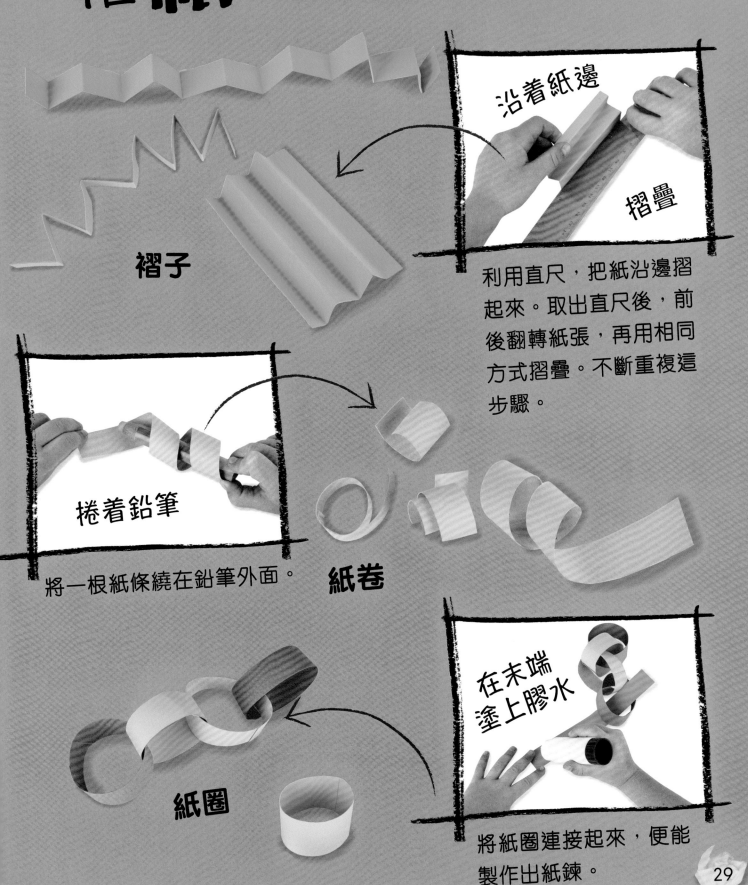

褶子

沿着紙邊

摺疊

利用直尺，把紙沿邊摺起來。取出直尺後，前後翻轉紙張，再用相同方式摺疊。不斷重複這步驟。

捲着鉛筆

將一根紙條繞在鉛筆外面。

紙卷

紙圈

在末端塗上膠水

將紙圈連接起來，便能製作出紙鍊。

剪紙

你只需要在這裏剪幾刀、那裏剪幾刀，便能炮製出厲害的剪紙效果！

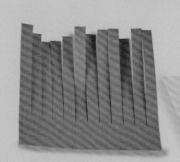

流蘇

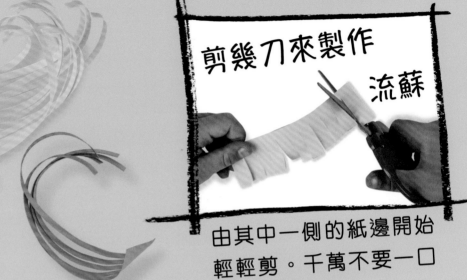

剪幾刀來製作 流蘇

由其中一側的紙邊開始輕輕剪。千萬不要一口氣把紙張剪斷啊！

先在紙上畫出螺旋線條，幫助你剪出來。

螺旋

剪成 螺旋形

從圓形的外圍開始剪進去，一圈又一圈地繞着剪，直到來到圓心。

在螺旋的中央畫上眼睛，令它變成一條彎彎曲曲的小蛇！

紙雕

運用你的摺紙和剪紙技巧，
創作出色彩繽紛的紙雕吧！

將你的紙雕創作 集合在一起。

你還會創造
出哪些形狀
的紙雕呢？

將你的紙雕作品 ······貼在厚卡紙上。

紙製 毛毛蟲

只需要把紙張**摺疊**和**黏貼**起來，
這些可愛毛毛蟲就誕生了！

你需要的工具：

不同顏色
的紙條

鉛筆

活動眼睛

漿糊

剪刀

絨條

1

不斷重疊

用兩條紙條組成直角。
紙條必須疊在另一條上面。

2

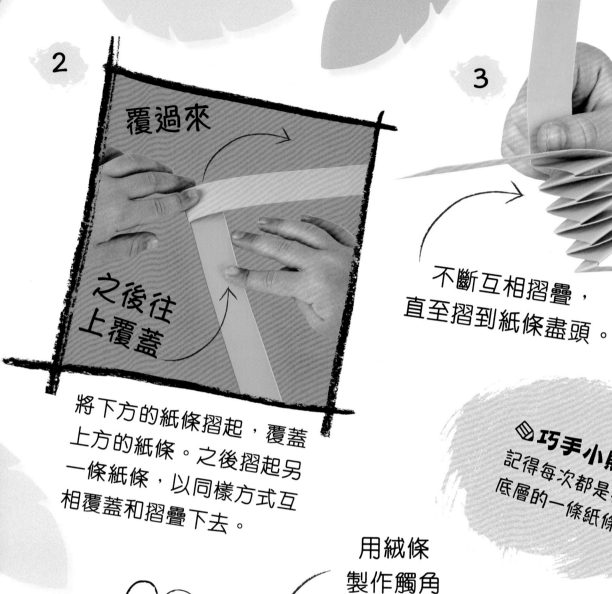

覆過來

之後往
上覆蓋

將下方的紙條摺起，覆蓋
上方的紙條。之後摺起另
一條紙條，以同樣方式互
相覆蓋和摺疊下去。

3

不斷互相摺疊，
直至摺到紙條盡頭。

⬛**巧手小貼士**
記得每次都是摺起
底層的一條紙條。

用絨條
製作觸角

你的笑容
真可愛！

**現在你可以給毛毛蟲
添上臉孔了。**
在一片正方形的紙上，
用漿糊貼上眼睛和觸
角，並畫上笑臉。

活動
眼睛

將毛毛蟲的臉貼在身體
的其中一端。

為「扇」最樂！

在炎炎夏日裏，就用這些扇子的趣怪臉孔吹出涼風吧！

你需要的工具：

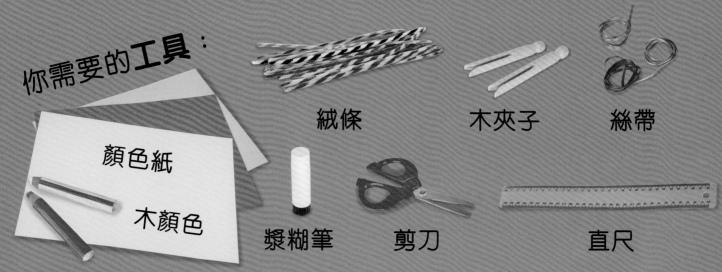

顏色紙

木顏色

絨條　　　木夾子　　　絲帶

漿糊筆　　剪刀　　　直尺

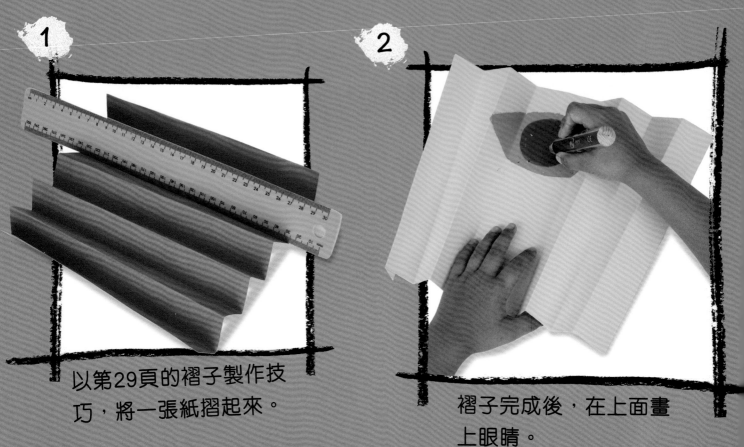

1
以第29頁的褶子製作技巧，將一張紙摺起來。

2
褶子完成後，在上面畫上眼睛。

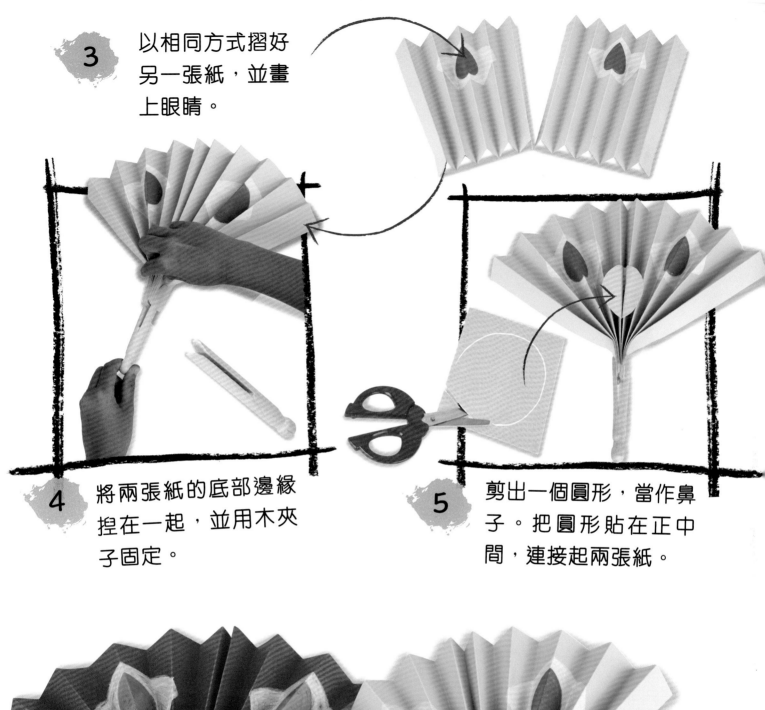

3 以相同方式摺好另一張紙，並畫上眼睛。

4 將兩張紙的底部邊緣捏在一起，並用木夾子固定。

5 剪出一個圓形，當作鼻子。把圓形貼在正中間，連接起兩張紙。

6 用絨條把木夾子保持閉合。

📖**巧手小貼士**
只需加上絲帶和心意牌，這些扇子就能成為別出心裁的小禮物了。

紙影偶

紙影偶簡單易製，來表演一場紙影戲吧！

你需要的**工具**：

白色木顏色

縐紋膠紙　　剪刀　　　黑色紙　　　飲管

📖**巧手小貼士**
你可以利用本書第2、3
和63頁的紙樣，快捷地
製作出紙影偶。

在黑色紙上畫上紙影偶的
外形，然後將它剪出來。

1

用膠紙貼上飲管，當作
紙影偶的手柄。

將我們拿近牆壁，
然後用手電筒照向
我們。你能看見我
們的影子嗎？

彩繪玻璃大象

試將這頭大象掛在窗前，看看在陽光照射下，光線會怎樣穿透薄薄的棉紙。

我們來製作哪些彩繪玻璃動物呢？

你需要的工具：

黑色卡紙

棉紙條

剪刀

漿糊筆

水筆

白色木顏色

參考本書第3頁的紙樣，製作出你的大象。

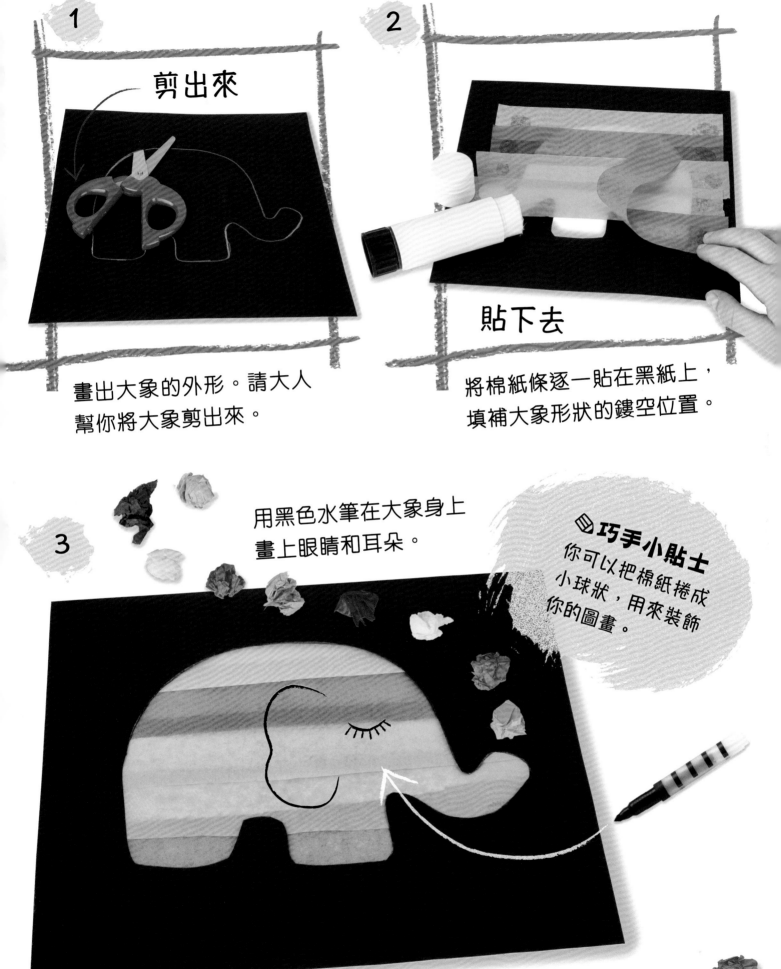

1

剪出來

畫出大象的外形。請大人
幫你將大象剪出來。

2

貼下去

將棉紙條逐一貼在黑紙上，
填補大象形狀的鏤空位置。

3

用黑色水筆在大象身上
畫上眼睛和耳朵。

✍️**巧手小貼士**
你可以把棉紙捲成
小球狀，用來裝飾
你的圖畫。

39

濕淋淋 的紙藝

留心看看！在縐紙上噴水後，各種顏色正在**混合**和**流動**啊！

你需要的**工具**：

白紙或卡紙

噴水壺

剪成不同形狀的縐紙

1

嗞嗞！

嗞嗞！

向白紙噴水。

2

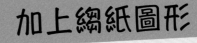
加上縐紙圖形

將不同顏色的縐紙圖形貼在濕的白紙上。

3

留心看看縐紙上的顏色如何互相混合吧。

當你用縐紙填滿了整張白紙後，在紙上噴上更多水。

4

不如將你的作品用來做禮物包裝紙？

當縐紙差不多乾透，就將它們逐一撕走。

繪畫 與 填色

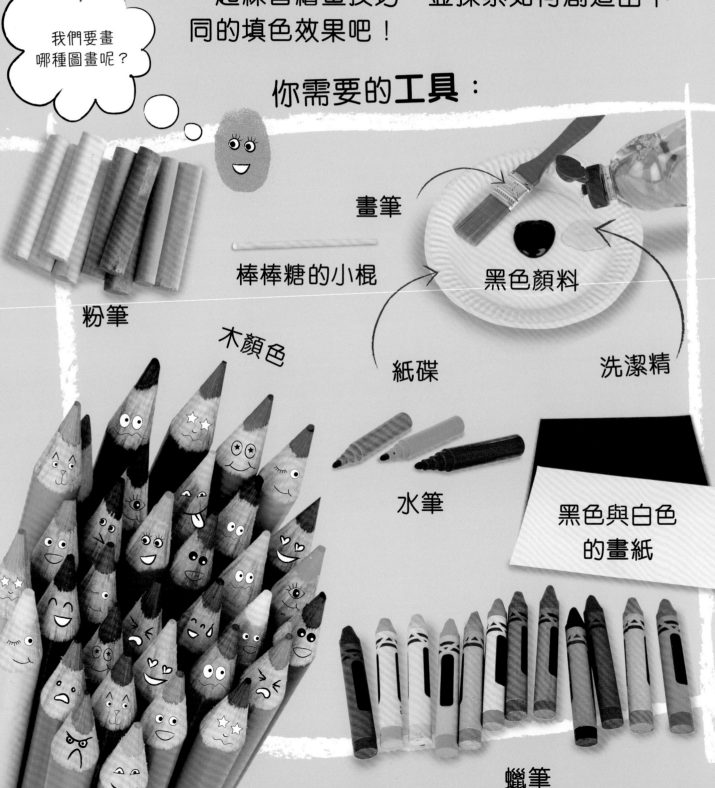

一起練習繪畫技巧，並探索如何創造出不同的填色效果吧！

我們要畫哪種圖畫呢？

你需要的工具：

畫筆

棒棒糖的小棍

黑色顏料

粉筆

木顏色

紙碟

洗潔精

水筆

黑色與白色的畫紙

蠟筆

利用**木顏色**、**水筆**、**蠟筆**或**粉筆**，
畫出許多不同的**筆觸**與**圖案**！

陰影　　　　圓圈　　　　火花　　　　小圓圈　　　　圓點

之字形折線　　　螺旋形線　　　　十字線　　　　虛線

波浪線　　　　　潦草的彎曲線

用彎曲線來畫出我的頭髮吧！

一筆畫出一幅圖畫！

用你的木顏色筆一直留在畫紙上畫下去，中途不要停下！

43

動物塗鴉

跟隨這些簡單的步驟來繪畫動物吧！你可以
畫出一個又一個的形狀，組成你的圖畫。

你可以先在廢
紙上練習繪畫
這些形狀。

臘腸狗

1

畫出一條長長的
臘腸形狀。

2

接着加上馬鈴薯形
狀的頭部、尾巴，
還有4條腿。

3

最後加上耳朵、
爪和臉孔，
完成！

一說到臘腸，
我的肚子就餓了！

貪睡貓咪

1 畫出一個彎彎的腰果形狀。

2 加上一個圓圓的頭部。

3 接下來畫上4條腿和尾巴。

4 最後,加上耳朵、爪和臉孔。別忘記要畫上貓鬚!

開籠雀

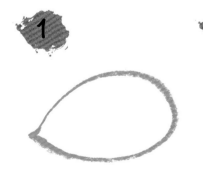

1 畫出一個氣球形狀。

2 接着加上樹葉狀的羽毛當作尾巴,再畫出小氣球狀的翅膀。

3 最後給小鳥畫上雙腿、眼睛、爪——還有鳥嘴,讓牠能吱喳高唱!

粉筆藝術

設計出你的**奇異外星人**，
繪畫出它們**充滿質感**的模樣吧！
它們來自哪個星球呢？

試試用粉筆的側面來繪畫。

粉筆畫在黑畫紙上真好看！你也可以試試在地面上畫畫啊！

巧手小貼士
你可以用沾了水的畫筆塗在粉筆的痕跡上，以混和粉筆的線條。

給你的外星人一個趣怪臉孔，例如長了觸角和很多小眼睛。

我聽不懂他在說什麼……

「找木目夕木工！」

粉筆

47

刮畫 變變變!

刮畫能令各種顏色驟然出現，就像變魔法一般！

嘩！這肯定是魔法！

你需要的**工具**：

畫筆

你可以用棒棒糖的小棍或鉛筆的末端來畫刮畫

黑色顏料

紙碟

棒棒糖的小棍或鉛筆

少許洗潔精

畫紙

蠟筆

1

在畫紙上用蠟筆塗上圖案。記得要用上多種不同的顏色。

2

將黑色顏料和洗潔精混合，並塗在蠟筆畫上，等待乾透。

3

在黑色顏料上刮出圖畫。

📖 **巧手小貼士**

你運用的顏色越多，你的刮畫看起來就越夢幻！

棒棒糖的小棍

動手 來 創作

將日常的家居物品化成驚人的藝術作品吧！

色彩配對遊戲

透過這個有趣的**遊戲**，配對不同物品的顏色吧！你需要使用第11頁的色環。

1

剪下色環的各部分。

2

去尋找各種顏色的物品！

3

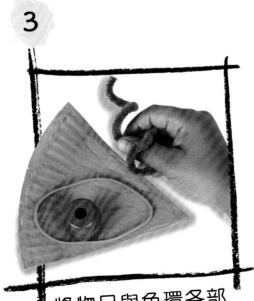

將物品與色環各部分的顏色配對。

多麼**色彩繽紛**！

紙筒 高塔

給硬卡紙筒塗上顏色，並將它們緊扣在
一起，建造出一座高聳入雲的堡壘吧！

你能將堡壘建
得多高呢？

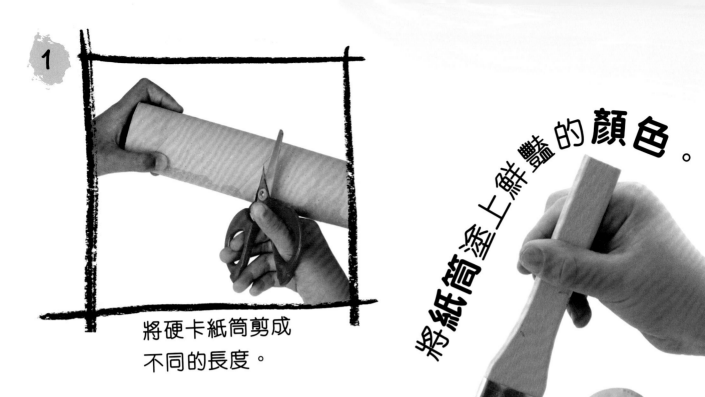

1

將硬卡紙筒剪成
不同的長度。

將紙筒塗上鮮豔的**顏色**。

2

用白色的顏料加上
窗戶和圖案。

3

在紙筒的頂部和
底部各剪出兩條
小縫,並將紙筒
互相扣在一起。

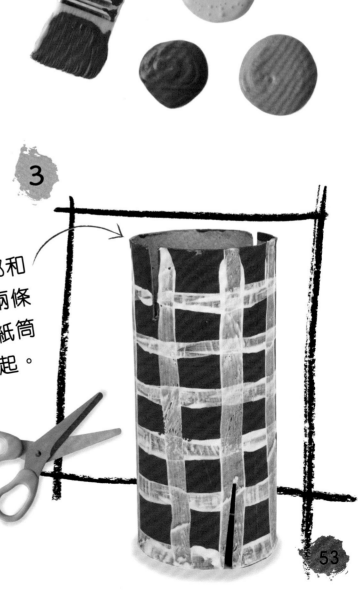

彩虹轉轉轉

製作一個色彩斑斕的彩虹吊飾吧！

你需要的工具：

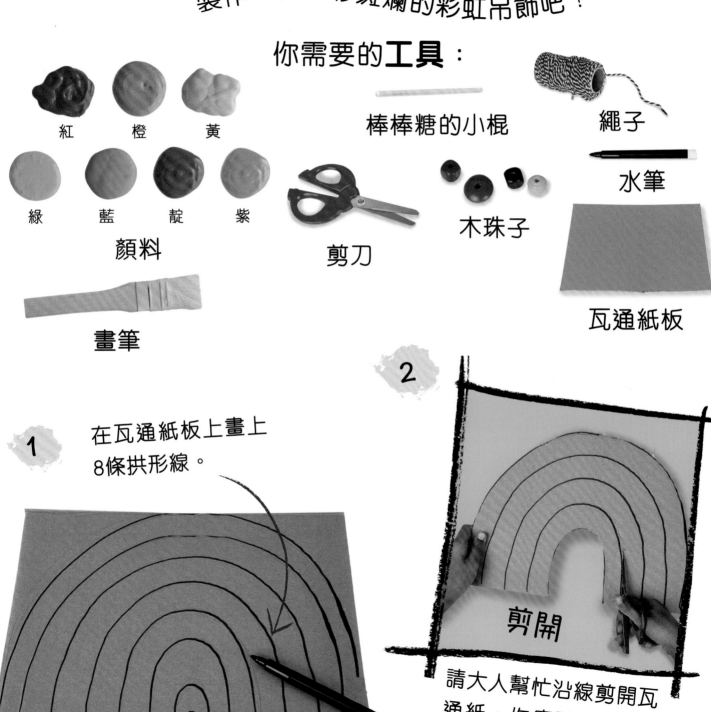

紅　橙　黃

綠　藍　靛　紫

顏料

棒棒糖的小棍

繩子

水筆

剪刀

木珠子

瓦通紙板

畫筆

1 在瓦通紙板上畫上8條拱形線。

2 剪開

請大人幫忙沿線剪開瓦通紙。你應該會剪出7塊拱形的紙板。

3

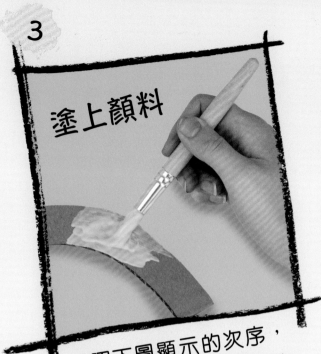

塗上顏料

按照下圖顯示的次序，將拱形紙版塗上彩虹的7種顏色。

4

棒棒糖的小棍

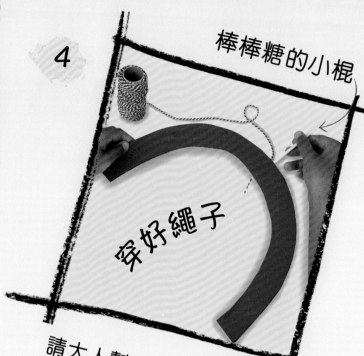

穿好繩子

請大人幫忙，按最大至最小的次序，把繩子穿過每塊拱形紙板的頂部。

5

穿上珠子

在繩子的末端穿上一些木珠子，令繩子受力往下墜。

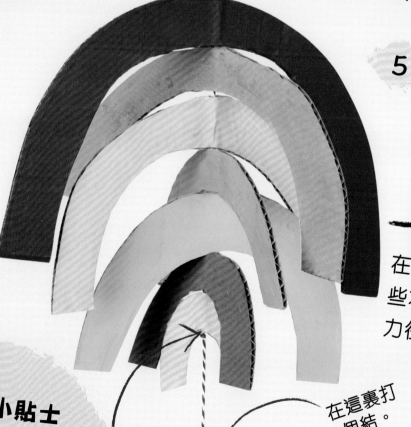

🔖**巧手小貼士**
請大人幫忙將吊飾掛在你的睡房吧。

在這裏打個結。

在這裏打個結。

看着**彩虹**轉來轉去！

夢幻獨角獸

創作出只屬於你的玩具小馬，
而且是隻夢幻的獨角獸！

你可在本書的第62頁找到獨角獸的頭部、角和耳朵的紙樣。

你需要的工具：

翻到第30頁，看看如何用卡紙製作流蘇

附有流蘇的彩色卡紙

釘書機

漿糊筆

用閃亮卡紙剪出的角

剪刀

鉛筆

獨角獸頭部的形狀

用白色卡紙剪出兩塊頭部的形狀

耳朵

畫筆與顏料

長形硬卡紙筒

1

在硬卡紙筒上塗色

把你的硬卡紙筒塗上鮮豔又好看的顏色，它會成為把手。

2

在頭部卡紙的邊緣塗上漿糊，但不要塗在頸的底部。將流蘇卡紙、耳朵和角夾在兩塊頭部卡紙之間並貼好。

給我畫上臉孔，添上流蘇卡紙，化成長長的眼睫毛吧。

3

用釘書機釘好頸部兩邊的角落。將紙筒塞進頸中央的空隙中。

騎着你的夢幻獨角獸，四處飛奔吧！

📖巧手小貼士

不如在獨角獸身上貼上閃粉和珠片，令牠擁有更多夢幻的亮光吧？

紙影戲 劇場

快來建造一個劇場,然後用第36頁製作的**紙影偶**,演出一齣**紙影戲**吧!

你需要的**工具**:

直尺

射燈

漿糊

紙箱

剪刀

縐紋膠紙

水筆

牛油紙或烘焙紙

你快來劇場的幕後,撐起我們吧!

58

1

剪去紙箱較長的
其中一面。

在紙箱上畫上一個長方
形，距離紙箱邊緣大約
一把直尺的寬度。

2

剪出來

請大人幫忙把長方形
剪出來。

3

在紙箱的內側用膠紙貼
上牛油紙，把長方形的
鏤空位置蓋上。

4

從後方用射
燈照向你的
劇場。

剪出柱子及三角楣飾，
將它們貼在劇場的正面
加以裝飾。

卡紙拼畫

用**紙張**、**布料和紙板**創建出城市的場景。

你需要的**工具**：

活動眼睛

用來塗漿糊的畫筆

縐紋膠紙

漿糊

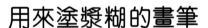

顏料

紙板、顏色紙碎和布碎

剪刀

畫筆

鋁箔紙

水筆

閃亮**小魚兒**

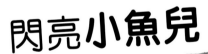

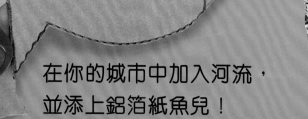

在你的城市中加入河流，並添上鋁箔紙魚兒！

你可以在本書第63頁找到魚的紙樣。

60

城市場景

用紙板剪出不同的形狀，並貼上顏色紙碎和布碎。

用彩色的縐紋膠
紙貼出窗戶。

畫上窗框和
其他細節。

以不同的物料
當作門口。

印有圖案的紙張看
起來也很有趣呀。

用水筆裝飾
一下我們吧！

貼上活動眼睛。

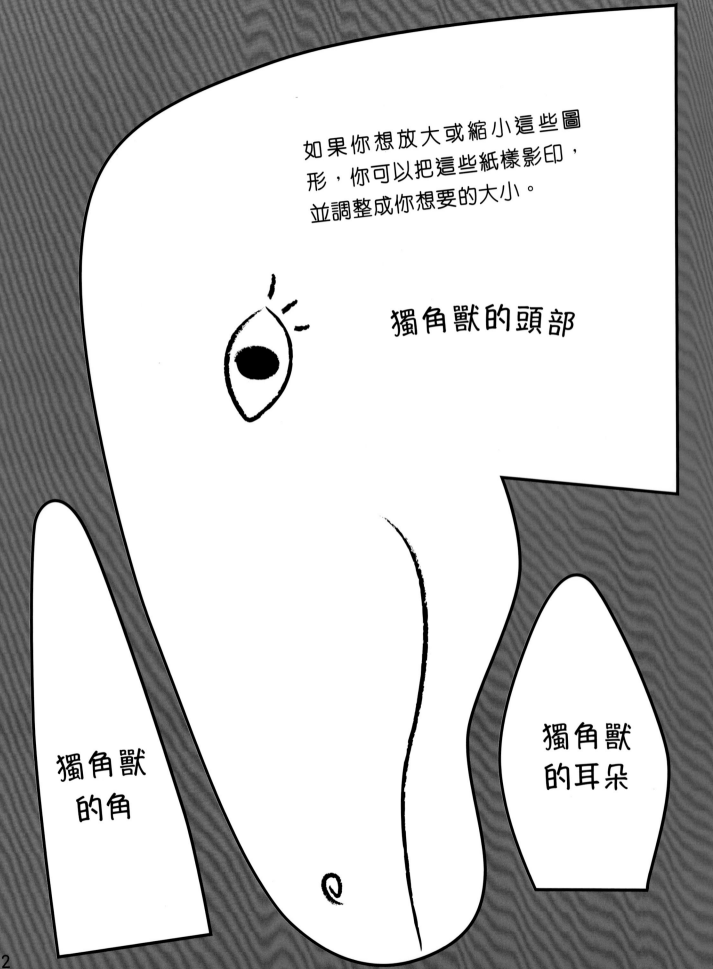

如果你想放大或縮小這些圖
形，你可以把這些紙樣影印，
並調整成你想要的大小。

獨角獸的頭部

獨角獸
的角

獨角獸
的耳朵